丝绸之路系列丛书

刘元风 赵声良 主编

敦煌服饰艺术图集

天人卷

李迎军 温馨 编著

中国纺织出版社有限公司

内 容 提 要

“丝绸之路系列丛书”共包括菩萨卷上、下册，天人卷，世俗人物卷上、下册，图案卷上、下册，艺术再现与设计创新卷8个分册。本册为天人卷。天人是敦煌艺术中极为庞大的群体，天人服饰中蕴涵着源于世俗又超越世俗的造物智慧和艺术造诣。本册选取敦煌艺术中唐代的佛陀、伎乐天、飞天、天王、力士、天女、童子、帝释天等代表性天人形象，以数字绘画的形式厘清天人服饰的造型结构，以供敦煌艺术爱好者摹画、填色、研究。

图书在版编目（CIP）数据

敦煌服饰艺术图集. 天人卷 / 李迎军，温馨编著. --北京：中国纺织出版社有限公司，2024.10
（丝绸之路系列丛书 / 刘元风，赵声良主编）
ISBN 978-7-5229-1804-4

Ⅰ. ①敦… Ⅱ. ①李… ②温… Ⅲ. ①敦煌学－服饰文化－中国－图集 Ⅳ. ① TS941.12-64

中国国家版本馆 CIP 数据核字（2024）第 110543 号

Dunhuang Fushi Yishu Tuji Tianren Juan

责任编辑：孙成成　　责任校对：高　涵　　责任印制：王艳丽

中国纺织出版社有限公司出版发行
地址：北京市朝阳区百子湾东里 A407 号楼　邮政编码：100124
销售电话：010—67004422　传真：010—87155801
http://www.c-textilep.com
中国纺织出版社天猫旗舰店
官方微博 http://weibo.com/2119887771
北京华联印刷有限公司印刷　各地新华书店经销
2024 年 10 月第 1 版第 1 次印刷
开本：889 × 1194　1/16　印张：10.25
字数：70 千字　定价：98.00 元

总序

伴随着丝绸之路繁盛而营建千年的敦煌石窟，将中国古代十六国至元代十个历史时期的文化艺术以壁画和彩塑的形式呈现在世人面前，是中西文明及多民族文化荟萃交融的结晶。

敦煌石窟艺术虽始于佛教，却真正源自民族文化和世俗生活。它以佛教故事为载体，描绘着古代社会的世俗百态与人间万象，反映了当时人们的思想观念、审美倾向与物质文化。敦煌壁画与彩塑中包含大量造型生动、形态优美的人物形象，既有佛陀、菩萨、天王、力士、飞天等佛国世界的人物，也有天子、王侯、贵妇、官吏供养人及百姓等不同阶层的人物，还有来自西域及不同少数民族的人物。他们的服饰形态多样，图案描绘生动逼真，色彩华丽，将不同时期、不同民族、不同地域、不同文化服饰的多样性展现得淋漓尽致。

十六国及北魏前期的敦煌石窟艺术仍保留着明显的西域风格，人物造型朴拙，比例适度，采用凹凸晕染法形成特殊的立体感与浑厚感。这一时期的人物服饰多保留了西域及印度风习，菩萨一般呈头戴宝冠、上身赤裸、下着长裙、披帛环绕的形象。北魏后期，随着孝文帝的汉化改革，来自中原的汉风传至敦煌，在西魏及北周洞窟，人物形象与服饰造型出现“褒衣博带”“秀骨清像”的风格，世俗服饰多见蜚襳垂髾的飘逸之感，裤褶的流行为隋唐服饰的多元化奠定基础。整体而言，此时的服饰艺术呈现出东西融汇、胡汉杂糅的特点。

随着隋唐时期的大一统，稳定开放的社会环境与繁盛的丝路往来，使敦煌石窟艺术发展至鼎盛时期，逐渐形成新的民族风格和时代特色。隋代，服饰风格表现出由朴实简约向奢华盛装过渡的特点，大量繁复的联珠、菱形等纹样被运用到服饰中，反映了当时纺织和染色工艺水平的提高。此时在菩萨裙装上反复出现的联珠纹，表现为在珠状圆环或菱形骨架中装饰狩猎纹、翼马纹、凤鸟纹、团花纹等元素，呈现四方连续或二方连续排列，这种纹样是受波斯萨珊王朝装饰风格影响基础上进行本土化创造的产物。进入唐代，敦煌壁画与彩塑中的人物造型愈加逼真，生动写实的壁画再现了大唐盛世之下的服饰礼仪制度，异域王子及使臣的服饰展现了万国来朝的盛景，精美的服饰图案将当时织、绣、印、染等高超的纺织技艺逐一呈现。盛唐第130窟都督夫人太原王氏供养像，描绘了盛唐时期贵族妇女体态丰腴，着襦裙、半臂、披帛的华丽仪态，随侍的侍女着圆领袍服、束革带，反映了当时女着男装的流行现象。盛唐第45窟的菩萨塑像，面部丰满圆润，肌肤光洁，云髻高耸，宛如贵妇人，菩萨像的塑造在艺术处理上已突破了传统宗教审美的艺术范畴，将宗教范式与唐代世俗女性形象融为一体。这种艺术风格的出现，得益于唐代开放包容与兼收并蓄的社会风尚，以及对传统大胆革新的开拓精神。

五代及以后，敦煌石窟艺术发展整体进入晚期，历经五代、北宋、西夏、元四个时期和三个不同民族的政权统治。五代、宋时期的敦煌服饰仍以中原风尚为主流，此时供养人像在壁画中所占比重大幅增加，且人物身份地位丰功显赫，成为画师们重点描绘的对象，如五代第98窟曹氏家族女供养人像，身着花钗礼服，彩帔绕身，真实反映了汉族贵族妇女华丽高贵的容姿。由于多民族聚居和交往的历史背景，此时壁画中还出现了于阗、回鹘、蒙古等少数民族服饰，真实反映了在华戎所交的敦煌地区，多民族与多元文化交互融汇的生动场景，具有珍贵的历史价值。

敦煌石窟艺术所展现出的风貌在中华历史中具有重要地位，体现了中国传统服饰文化在发展过程中的继承性、包容性与创造性。繁复华丽的服装与配饰，精美的纹样，绚丽的色彩，对当代服饰文化的传承发展与创新应用具有重要的现实价值。时至今日，随着传统文化不断深入人心，广大学者和设计师不仅从学术研究的角度对敦煌服饰文化进行学习和研究，针对敦煌艺术元素的服饰创新设计也不断纷涌呈现。

自2018年起，敦煌服饰文化研究暨创新设计中心研究团队针对敦煌历代壁画和彩塑中的典型的服饰造型、图案进行整理绘制与服饰艺术再现，通过仔细查阅相关的文献与图像资料，汲取敦煌服饰艺术的深厚滋养，将壁画中模糊变色的人物服饰完整展现。同时，运用现代服饰语言进行了全新诠释与解读，赋予古老的敦煌装饰元素以时代感和创新性，引起了社会的关注和好评。

“丝绸之路系列丛书”是团队研究的阶段性成果，不仅包含敦煌石窟艺术中典型人物的服饰效果图，同时将彩色效果图进一步整理提炼成线描图，可供爱好者摹画与填色，力求将敦煌服饰文化进行全方位的展示与呈现。敦煌服饰文化研究任重而道远，通过本书的出版和传播，希望更多的艺术家、设计师、敦煌艺术的爱好者加入敦煌服饰文化研究中，引发更多关于传统文化与现代设计结合的思考，使敦煌艺术焕发出新时代的生机活力。

劉元風

2023年11月

自序

净土庄严——敦煌天人服饰

敦煌艺术中，天人是一个极为庞大的群体，本册选取佛陀、伎乐天、飞天、天王、力士、天女等代表性的天人形象辑录成册。“天界诸神”有着各不相同的“神格”，因此具有极为丰富的形象特征，并在敦煌不同历史时期呈现出多样的表现形式。《韩非子·外储说左上》中曾提到“画鬼容易画人难”的观点，中国石窟艺术的创造者则将对幻想中形象的表现提升到一个全新的高度。面对表达佛国世界天人形象的创作命题，创作者运用“以俗写神”“迁想妙得”的手法巧妙地构建了既易于世俗人物接受，同时又具有宗教神圣性的天人形象，世俗服饰元素与天人服饰符号的混搭手法充分体现了古人的造物智慧与艺术造诣。

一、以俗写神：源于世俗的天人服饰元素

尽管天人拥有超脱世俗的“神格”，但在佛教美术中，我们却在天人造型中看到大量的世俗服饰元素。随着佛教在中国的广泛传播，石窟艺术也逐渐本土化，中国传统文化观念开始与佛教相融合，以民众喜闻乐见的题材与形式表现佛教内容成为普遍趋势。不仅石窟艺术的审美特征、创作方式有了大的转变，绘画雕塑中展现的生活场景、建筑形式、服装配饰等诸多方面也都开始呈现出鲜明的民族文化特色。“以俗写神”的创作手法因此成为石窟艺术的经典表现形式，运用中国世俗社会的形象表现想象中的“极乐净土”，可以有效激发世俗民众对理想精神世界的联想，从而有效构建起民众对佛国世界的想象。

“佛陀”一词来自梵语的音译，也译作浮屠、浮图，原意为觉，佛即觉悟者。佛陀通常被视作释迦牟尼的同义语，事实上以佛为名者并不仅释迦牟尼一人。佛陀的袈裟源自印度的披挂式服装，佛陀的形象随佛教东传进入敦煌后，披挂式的服装造型也成为佛陀及弟子的专属服装。当印度披挂式服装进入中国服饰文化体系后，也开始了本土化演进，发展至唐时期已经拓展出田相纹、卷草缘饰等丰富的装饰形式。

佛经中称“凡帝释天宫、兜率天宫之歌舞奏乐者”为伎乐天或伎乐天人，飞翔在天空持花供

养、持乐器演奏者被称为飞天。敦煌壁画中在天界佛国奏乐、舞蹈、飞行的天人形象不仅数量众多，而且造型生动，极具艺术表现力。伎乐天、飞天的服饰同样较多保留了印度服饰特征，同时又逐步融合了中原本土的女性化、世俗化、歌舞化的特点，在唐时期的敦煌壁画中，伎乐天与飞天衣袂翻飞、披帛飘扬，是敦煌艺术中最具动感、最灵动飘逸的艺术形象。

天王原是印度教神祇，后被佛教吸收成为佛国护法神。印度的天王随着佛教东传一起进入中国，成为敦煌艺术中频繁出现的天神。天王的甲衣与现实社会的戎装有着密切关联，在中国甲胄发展史上，现实的甲胄在唐代处于对此前吸收的外来结构进行本土化整合的重要阶段，此时甲胄的种类也得到极大丰富，明光甲、裲裆甲、绢甲等甲衣都得以广泛使用。

在敦煌庞大的天人群体中，还有天女、童子、力士、帝释天等丰富的艺术形象。这些天人的服饰也都以世俗服饰为原型。敦煌经变画中的天女常常以中国传统神话中仙女的造型出现，唐代壁画上的天女通过穿着前朝（魏晋时期）的服装来体现其与现实社会的区别，天女服饰以“蜚襳垂髾”最具代表性，走动时衣带当风、襳髾飞扬。莲花化生童子是敦煌艺术中常见的题材，唐代的化生童子具有更鲜明的世俗气息，童子穿着的背带裤、半臂等服饰都是当时社会普遍使用的服饰。金刚力士是佛教中仅次于天王的护法神，力士的形象在唐时期得到极大发展，尽管服装的结构还遗留印度服饰的痕迹，但从服饰的配色到图案都已经呈现出鲜明的本土特征。帝释天原是印度教神祇，后被纳入佛教体系并沿丝绸之路进入敦煌，敦煌艺术中帝释天的服饰主要参照了世俗社会的帝王装束，壁画中帝释天的形象为研究帝王服饰提供了重要的图像素材。

二、迁想妙得：超越世俗的天人服饰符号

东晋画家顾恺之曾概括绘画艺术构思特点为“迁想妙得”，“迁想”指艺术创作构思过程中的想象活动，把创作者的主观情思通过恰当的媒介迁入客观对象，天人整体造型中的头冠、披帛、璎珞正是体现“神性”的媒介，被创作者以服饰符号的形式迁入整体造型，从而成功实现天神形象的塑造。

头冠是中国石窟艺术中菩萨、飞天、天王、帝释天等诸多天人普遍使用的服饰。在中国的佛教艺术中，最初的天人多束发或束发后系带，随后束发带冠的图像开始增多，并且头冠的造型也

逐渐丰富，品类日趋丰杂。在古印度与犍陀罗艺术中，菩萨形象中束发与束发戴冠两种情况就已经出现了，其中束发的菩萨被认为是表现苦修的形象，戴冠的菩萨则被认为是表现王者的形象。在佛教艺术形成与发展过程中，菩萨等天人的头冠与萨珊波斯的王冠的确存在密切的联系，这种在世俗社会里象征权力的服饰在佛教艺术中逐渐发展成天人的专属服饰符号。

披帛随着佛教图像进入中国，在中国早期的石窟艺术中，天人着披帛飞舞的图像已经普遍出现。中国古人在表现仙人的神力时，以“无翅而飞”为最佳境界，这种以披帛为载体凭空飞翔的手法由于完美契合了中国文化精神，而在中国艺术中被发扬光大。由于披帛是造型可变且漂浮游离在天人身体之外的服饰品，所以创作者就把无限的艺术想象都倾注在这条结构简单的长带上。在敦煌艺术中，披帛是伎乐天、飞天、天王、力士、天女等诸多天人必不可少的服饰，石窟艺术的创造者还充分发挥披帛作为带状服饰的优势，以天马行空的创造力、极为灵动的线条塑造出自由漂浮在天人身体四周的披帛造型。

与披帛一样，璎珞也是源自古印度的服饰品，同样随佛教一道进入中国，并在以石窟艺术为代表的中国佛教美术中被拓展、生发出丰富的品类。在佛教中，璎珞的职能是装身与供养，由于兼具装饰性与精神性双重功能，因此逐渐成为神圣的天人服饰符号。早期石窟艺术中的璎珞还保留着典型的印度特征，以项圈、项链类项饰为主，随后在中国本土文化的沁润下开始了演化之旅，先是整体造型逐渐加长甚至垂至腰下，进而拓展出长“U”形、“X”形等丰富的新造型。唐时期的敦煌，伎乐天、飞天、天王、力士等天人皆使用璎珞，精美的璎珞不仅为伎乐天、飞天的整体造型锦上添花，还在以强悍勇武风格著称的天王、力士形象中融入了优美精巧的服饰细节，从而呈现出刚柔相济的独特韵味。

李迎军

2024年1月

目录

佛陀

伎乐天

飞天

天王

天女

其他

佛陀

莫高窟盛唐第171窟主室北壁阿弥陀佛服饰

图文：刘元风

阿弥陀佛面相和蔼而安静，眉清目秀，额上点饰白毫，佛头有肉髻，留有胡须，手持花束，跏趺式端坐于莲花座之上。佛像内穿蓝色僧祇支，外着通体的赤色袈裟，表里两层其色不一，袈裟翻卷之处显露出内里的绿色，因此袈裟也有“复衣”之称。

绘图：温馨

莫高窟盛唐第172窟主室南壁佛陀服饰

图文：刘元风

佛陀面相丰腴，眼帘下垂，留有胡须，聚精会神地静坐于莲花台上，呈现出恭敬与谦顺的神态。佛陀内穿绿色丝织右袒衫，腰间有系带，右袒衫的领缘和底摆处镶有精美的卷草花纹边饰，领形于胸口呈新月形露出，外披赭褐色通肩袈裟，整体服饰既丰富多变，又相映成趣。

绘图：李安

图文：刘元风

画面中的药师如来身穿绿色衲衣，面相慈善，雍容大度。衲衣的领和袖有蓝底团花连续纹样的贴边，底摆处装饰有橘黄底配精致团花的缘边，外披宽松的红色袈裟；袈裟的内里为绿色，袈裟上的条形结构为深红色，并有三个菱形组合而成的金箔图案点缀其上。

绘图：李安

伎乐天

莫高窟初唐第220窟主室北壁伎乐天服饰

图文：刘元风

伎乐天戴杂宝头冠，辫发披散，戴颈饰和手镯，璎珞横飞。上身穿方格纹锦甲半臂，中束腰带，胯间饰以石绿色围腰，并在身后束结珠宝环串。下穿卷草纹短裙和褐红色荷叶边阔腿裤，手中长巾和腰带前后环飘。画面整体线条和色彩飘逸而富有张力，充分表现出快速旋转、风驰电掣的舞蹈特点。

绘图：温馨

图文：刘元风

伎乐天头束高髻，佩戴镶嵌绿宝石的莲花纹发带，余发披肩。上身袒露，颈部佩戴华丽的项饰，有一颗大的莲花纹宝石镶嵌其中，间隔有四颗依次排列的宝石串珠。其下身穿的裙裤基本形制为上紧下松，长至脚踝，衣纹线条流畅。伎乐天双手执长长的双色帛带，舞姿热烈而曼妙。

绘图：万雅芬

莫高窟中唐第112窟主室南壁反弹琵琶伎乐天服饰

图文：刘元风

伎乐天头梳高髻，神情沉着专注，上身袒裸，颈饰、耳环、臂钏、手镯装饰其身；下身为绿色翻卷式腰裙配红色宽松羽裤，膝部和脚腕处有绿色花瓣状环绕装饰。伎乐天身披黄绿双色长巾，边弹边舞，音乐的节拍与舞蹈的节奏融为一体；其反弹琵琶舞姿旋转，宛若游龙。

绘图：温馨

图文：刘元风

伎乐天头梳高髻，佩戴宝冠，蓝白两色长巾环绕周身，上身穿红色紧袖贴体短衫，领部和袖肘部有绿色环状的花瓣形装饰；下身着绿色羽口腰裙，配红色宽松裤，并有绿色腰襻束结，耳环、手镯与头饰相一致。画面正是舞者急转后停顿的瞬间，造型生动而自然，充分体现出中唐时期高超的舞技和审美感觉。

绘图：万雅芬

图文：张春佳

画面呈现出较为典型的中唐壁画风格，人物周身璎珞复杂，飘带舞动极富动感。头饰璎珞为小花形连缀组合，长璎珞从肩头垂下，随着伎乐天翩翩起舞的姿态翻飞摆动。手持飘带起舞的人物形象由于服装以及配饰的衬托使得整体呈现出更加生动且饱满的视觉张力。

绘图：方雅芬

榆林窟中唐第25窟主室南壁腰鼓伎乐天服饰

图文：刘元风

伎乐天头梳云髻，佩戴宝冠，冠体正中有上、下两颗绿色宝石，两侧装饰红色宝石并相连流苏，与冠缯一起向上跃动，全身璎珞随着舞者的跳跃在身体两边飞舞。上身袒露，下穿红色的松裆裤，裤口收紧并有绿色镶边，脚踝处有绿色的花瓣形装饰，腰间系结珠串腰带，蓝绿双色的披巾围绕其双臂和身体两侧飞舞旋转。

绘图：温馨

图文：刘元风

伎乐天头上佩戴高高的花式宝冠，耳饰、手镯和全身璎珞的造型风格协调一致。上身袒露，下着黄色腰裙，大腿处有一圈花瓣状装饰，底部是红色波浪涌动的裙摆，腰部有绿色的腰襻。手中长长的红绿双色帔巾，在两肩和双臂上环绕呈圆弧形飞舞在身体的两侧，与飘浮的裙摆相互辉映。

绘图：李安

莫高窟盛唐第445窟主室南壁演奏伎乐天服饰

图文：李迎军

在莫高窟第445窟主室南壁的阿弥陀经变画中，绘有两组伎乐天人，本图选取的是东侧乐队中凭栏演奏横笛者。她头梳髻、戴宝冠，上身半裸、戴颈圈与手镯，肩搭披帛，腰束长裙，双手持笛，头歪向一侧，专注地吹奏横笛，身体自然地扭动成“S”形，韵律优美和谐。

绘图：万雅芬

莫高窟中唐第159窟主室西壁龛外北侧演奏伎乐天服饰

图文：李迎军

三身伎乐天面相丰满，均袒裸上身，戴着颈环、臂钏、手钏、足钏等配饰，下身着长裙、系围腰，周身璎珞垂挂、披帛垂绕。位于画面左侧下方的伎乐天云鬓高髻，头戴宝冠，双手持横笛正在吹奏；后侧的伎乐天浓发披肩，正打着串板；画面右侧的吹笙伎乐天脑后梳髻的发式较为独特，与同壁伎乐天中常见的披发不同。

绘图：李安

莫高窟晚唐第12窟主室西壁演奏伎乐天服饰

图文：李迎军

两身伎乐天云鬓高髻，头戴宝冠，上身披络腋，戴颈环、手钏、臂钏、璎珞，腰束长裙、腰裙、围腰，周身披帛围绕。这铺壁画虽多处氧化变色、色彩斑驳，但仍能够感受到画师精湛的艺术造诣，两身伎乐天肤色一黑一白，姿势一正一侧，一人吹笛、一人吹箫，神情专注，身姿婀娜，体态优美，韵律和谐。

绘图：黄煌

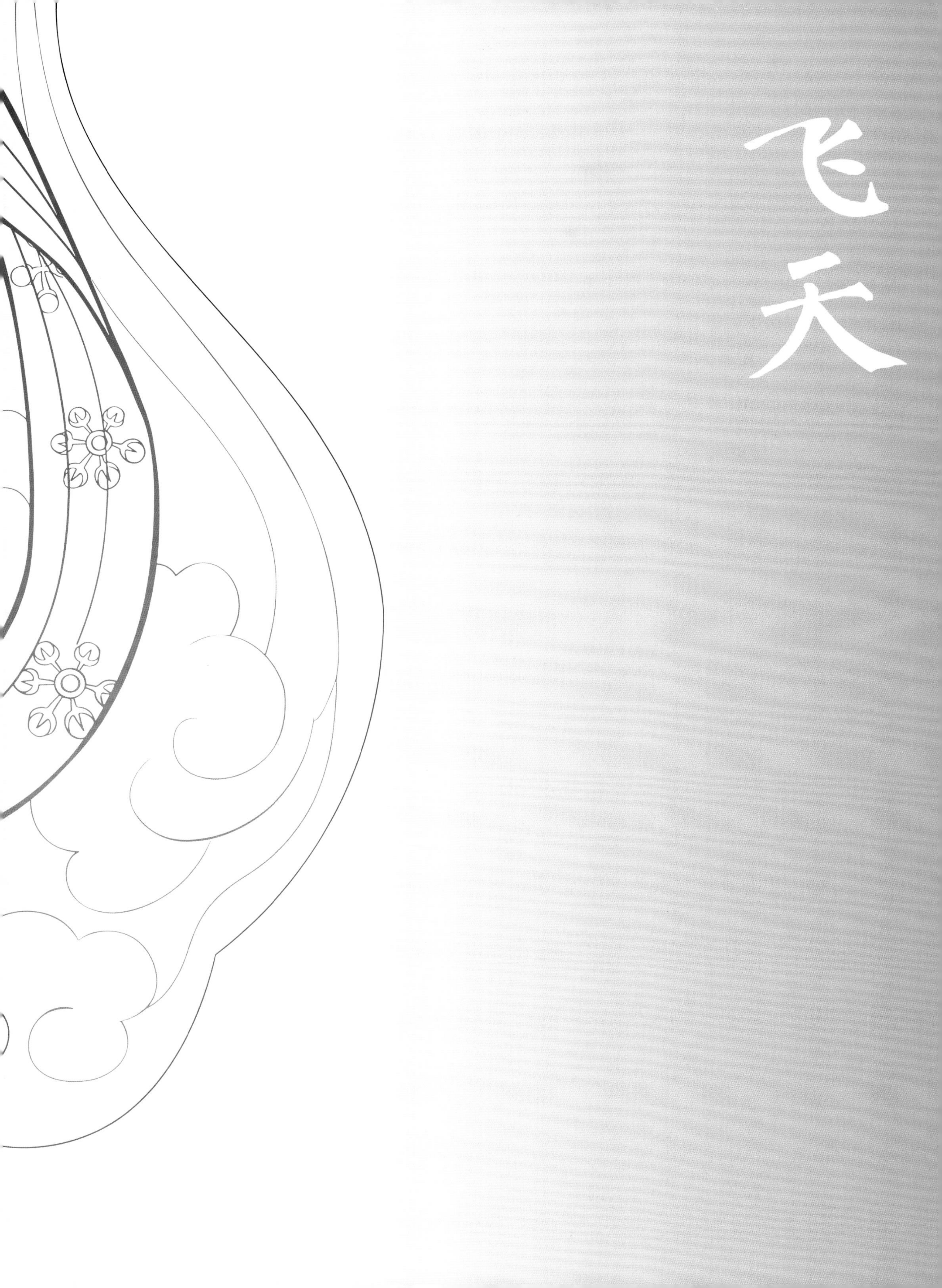

飞天

莫高窟初唐第329窟主室西壁龛顶飞天服饰

图文：张春佳

两身飞天的服装形制与初唐的菩萨类似，上身袒露胸背，无斜披，下着及踝长裙，腰部向外翻出，显示异色的面料。左飞天双手捧莲花，右飞天双手弹箜篌，都赤裸双足，颈部佩戴璎珞。飘带正反异色，长度等于身长数倍，飘于空中，随意卷曲。飞天体态优美，以曲线造型、线条流畅的飘带穿插其间，在层层叠叠的云纹衬托下，与点状的漫天香花共同营造出一片祥瑞之气。

莫高窟盛唐第39窟主室西壁龛内飞天服饰

图文：张春佳

盛唐第39窟的飞天群组位于主室西壁龛内，这身飞天位于龛顶中部左侧，飞翔方向自左上向右下。飞天上身袒露，以飘带环绕，佩戴头饰、颈饰、臂钏、手镯等饰物，托举莲花，下着长裙，腰部翻出并以带系扎，裙身和飘带分别饰有六瓣和十字结构的小团花。裙摆处露出两足，褶皱表现得较为复杂、细致。

绘图：张邑婷

莫高窟盛唐第39窟主室西壁龛内飞天服饰

图文：张春佳

飞天头部、颈部、手臂、手腕等部位均佩戴首饰，裙腰翻出的层次以土红色和石绿色搭配，腰带部分系单结并垂下飘带。裙摆的绘制注重表现飘摆的褶皱和翻卷的动态，且整体较为窄瘦。飞天乘云而下，披帛与云气纹成为重要的飞翔辅助表现元素，流动方向与人物形态和披帛的方向协调一致。

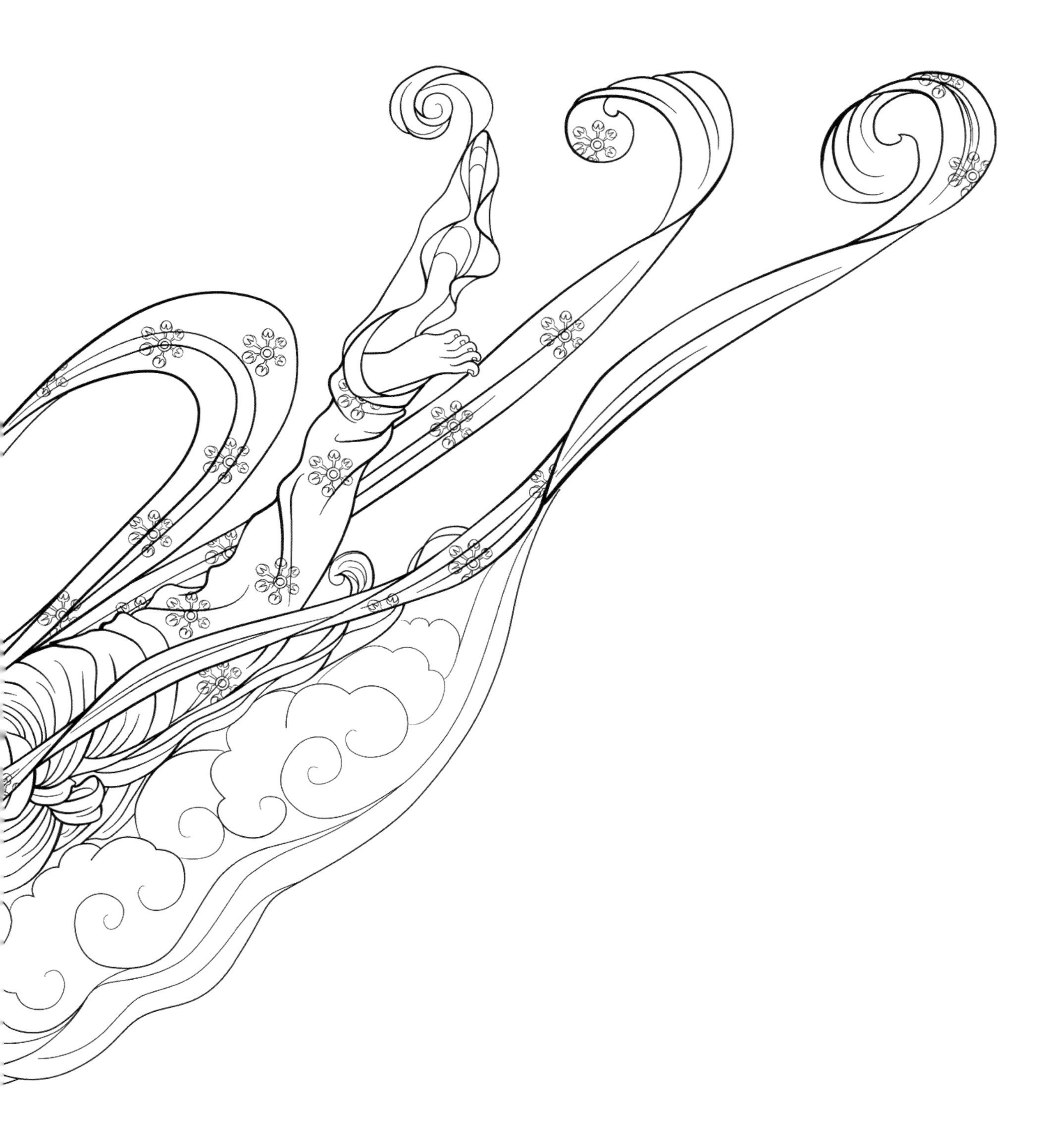

绘图：张邑炕

莫高窟盛唐第39窟主室西壁龛内飞天服饰

图文：张春佳

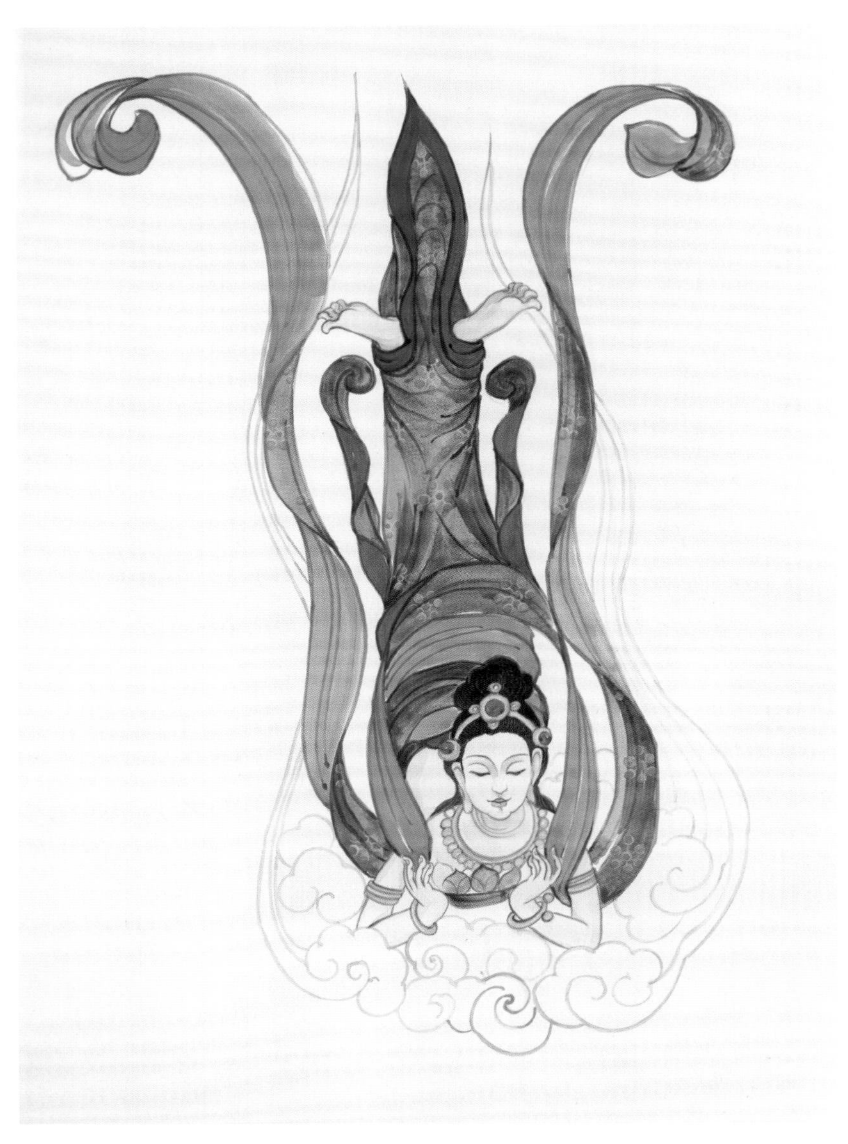

飞天着头饰、颈饰、臂钏等饰物，这在古印度佛教石窟遗迹中多有出现。古印度佛教中天女的装饰往往非常华丽，周身饰品繁多。由于唐代社会的文化包容力和亲和力，对于众多外来文化都持开放的态度，莫高窟盛唐飞天展示出来的形象也显现出一种文化融合的趋势。

绘图：敬文昔

莫高窟盛唐第121窟主室北壁飞天服饰

图文：张春佳

飞天呈半坐姿态，右手持莲花，左手举花盘供养。头、颈及手臂和腕部均有璎珞装饰，上身赤裸，下着长裙，臂搭飘带，迎风飞舞。由于洞窟壁面的褪色与颜色剥落，导致飞天裙摆服饰结构不是十分清晰，以至于难以辨别下装是裤装还是裙装。此身飞天的下装有可能是在风和腿部动作的共同作用下，裙下摆的结构翻折得比较复杂。

绘图：张邑婧

图文：张春佳

飞天双手持花，呈半坐姿态与西侧飞天相呼应。此身飞天也同西侧飞天一样，其下装有可能为裤子，相比之下，由于膝盖处的结构表现，使整体看起来更像裤装。但是由于飘举的风和腿部动作一同作用，大面积的裙幅也可以呈现出此类状态。飘带的飞舞与流云一同造就了向上的动势，与西侧飞天一同形成围合环绕之态。

绘图：张邑焙

图文：张春佳

两身飞天均双手上扬作散花状，身体饱满而舒展，袒露上身，颈部佩戴璎珞，下着长裙，腰带外翻下垂，裙子的缠裹方式和上身的赤裸保留了印度此类形象的着衣风格。飘带围绕在两臂与周身，裙子下端的长度和曲线效果被有意夸张，通过飘带飞舞的方向，可以更完整地呈现飞天的动势，与云气一同构成整体画面的流动曲线。

绘图：张邑煊

图文：张春佳

上方飞天呈胡跪姿态，双手托花盏，跪姿牵拉出腰裙和长裙的多重褶皱，轻盈细腻，神态安宁温和。下方飞天的前额和脑后发髻处有璎珞装饰，腰部长裙外翻并结丝绦垂下，随着舞动的双腿和长裙一同向后飘舞。两身飞天均袒露上身，下着长裙，保持源自印度的着装风格。

绘图：张邑怡

天王

莫高窟初唐第322窟西壁龛北侧天王服饰

图文：李迎军

唐初军队甲胄基本延续南北朝与隋朝的装备形制。这身天王塑像就是初唐甲胄的真实反映：自上而下分别穿戴兜鍪、颈甲、肩甲、护臂、胸甲、腿裙、胫甲、皮靴。有学者推断塑像上肩甲、腿裙上的彩条图案表现的是漆彩皮甲。这身天王像身材高挑、身形纤瘦、脸型圆润、手指纤长，从五官结构判断有西域胡人的特征。

绘图：温馨

莫高窟盛唐第31窟主室东壁北侧天王服饰

图文：李迎军

壁画中的天王身着裲裆甲，胸甲与背甲在肩头用宽皮带、在胸前用束甲带、在腰间用皮带固定。唐时期军队使用的裲裆甲是武装全身的一系列完整装备。这身天王仅着身甲、胫甲，显然不是为了追求甲胄的防护功能。作为护卫帝释天出行的天王，其着装的装饰性已经远远高于甲衣的实用性。

绘图：黄煌

莫高窟盛唐第45窟主室西壁龛内北侧天王服饰

图文：刘元风

天王身着的是盛唐时期最典型的“金甲”，与初唐时期的“铁甲”不同，其头顶束髻，护领掩膊，兽头含臂，身甲、胸甲、髀裈、战裙、行縢、乌皮靴齐备。甲的形状有鳞形、长方形、六边形等，其中胸腹为重点保护部位，胸腹部的护甲以铜、铁金属为主，腹部的金属具有光亮感，集保护性、功能性和审美性于一体。

绘图：李安

莫高窟盛唐第74窟主室西壁龛内北侧天王服饰

图文：李迎军

天王戴宝冠，穿护项、披膊、明光甲、胫甲，系束甲带与皮腰带，穿战靴。其中作为胸甲的明光甲也称明光铠，主要造型特征是左右两胸前各有一个凸起的圆形护胸甲片。这种胸甲的形制最早出现在古希腊，辗转经中亚传入中国，至唐时期已经逐步完成本土化的演变，成为中国甲胄必不可少的一部分。

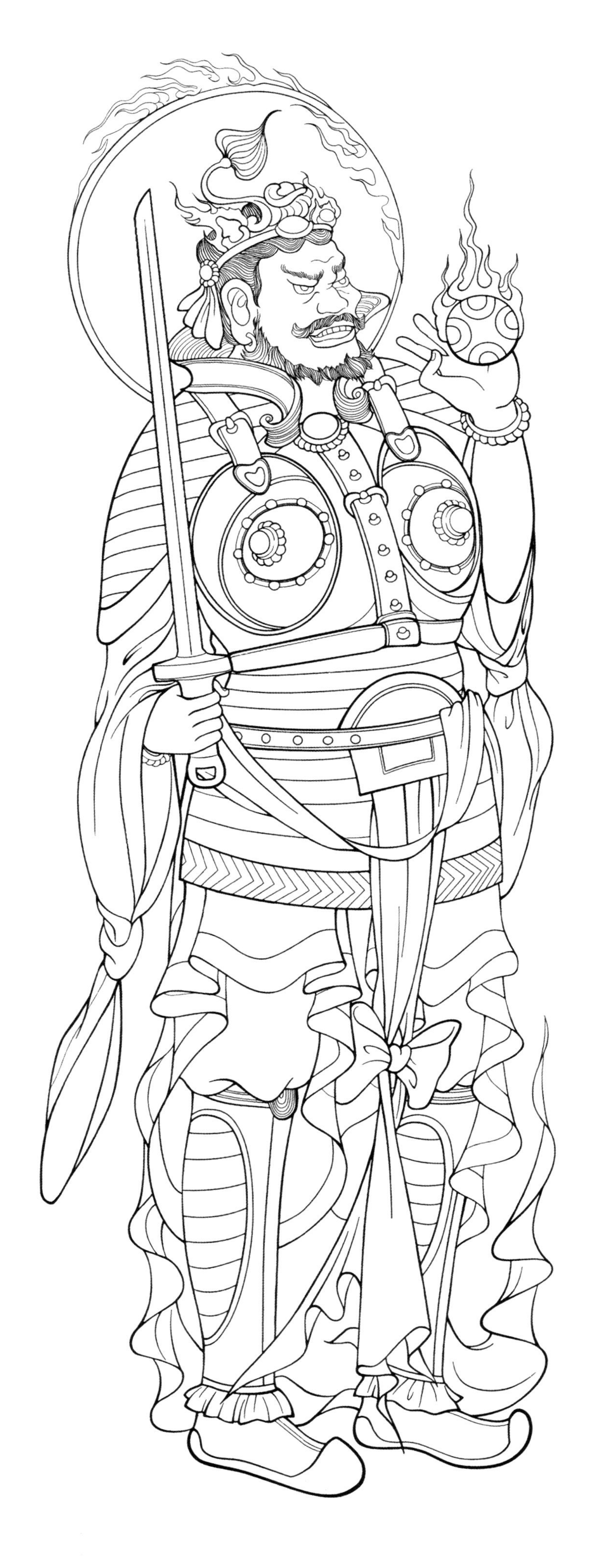

绘图：黄煌

莫高窟盛唐第113窟主室西壁龛外北侧天王服饰

图文：李迎军

这身高大勇猛、威严孔武的天王须发皆赤，穿戴护项、披膊、兽头护肩、护臂、明光甲、束甲带、护腹、腿裙、碎花白袴、皮靴。在天王的立体甲衣造型中，并没有甲叶结构的塑造，取而代之的是饱满的图案与艳丽的施彩。在《唐六典》中曾记载用布料制作的甲衣，以布制甲兼具装饰性强、轻巧舒适等特点，主要用于礼仪性场合穿着。

绘图：黄煌

莫高窟盛唐第125窟主室南壁多闻天王服饰

图文：李迎军

这身手托宝塔的北方天王又名多闻天王、毗沙门天王。作为镇鬼辟邪的守护神，天王的形象大多神武威猛、气势可畏，但这身天王却体态丰腴，面相和善，气质端肃恬淡，颇具儒将之风。天王梳髻戴宝冠，穿戴护项、披膊、明光甲、束甲带、护腹，甲衣之下露出内衬袍服宽大的袖子与衣摆，脚上穿芒鞋。

绘图：李安

莫高窟盛唐第125窟主室南壁南方增长天王服饰

图文：李迎军

说法图最东侧的南方增长天王竖眉怒目、气势可畏，与同壁西侧体态丰腴、沉静安详的北方托塔天王形成一动一静的鲜明对比。这身增长天王梳髻戴冠、冠缯飞扬，穿着的甲衣包括护项、披膊、明光甲、束甲带、腿裙，上身甲衣之内未衬袍衫而直接裸露手臂，下身腿裙内露出战裙的下摆，裸小腿，戴脚钏，脚穿芒鞋。

绘图：李安

莫高窟盛唐第194窟主室西壁龛内毗沙门天王服饰

图文：刘元风

这身毗沙门天王彩塑体型雄健魁岸，头戴耳护上翻的兜鍪，圆头大耳，横眉怒目，肌肉紧绷，左手托塔，右手握拳，一副不可一世的神态，令人望而生畏。天王上身着铠甲，连体的身甲、胸甲和背甲以带扣束紧，胸部和腰部各束一带，腰带上半露金属光亮的护腹镜，肩覆披膊作兽头状。下身的战裙飘曳，缚裤束腿，脚蹬乌皮靴。

绘图：李安

莫高窟盛唐第217窟主室南壁天王服饰

图文：李迎军

学术界对莫高窟第217窟主室南壁画面内容的解读尚无定论，有“八王子礼佛图”“四天王请佛说法图”等解释。无论将这一形象解读为王子还是天王，这幅人物画像对于研究盛唐时期甲胄造型都有重要的参考价值。这身戎装造型头饰宝珠，身穿披膊、身甲、胫甲、战靴，甲衣的甲片呈细条状并列成排组合，甲衣之下露出内衬袍服宽大的袖子与衣摆。

绘图：黄煌

莫高窟盛唐第444窟主室东壁毗沙门天王服饰

图文：李迎军

毗沙门天王身着的甲衣包括：披膊、护臂、明光甲、束甲带、护腹、腿裙、胫甲、皮靴，与极具实战防护功能的全套甲胄不同的是，这身毗沙门天王腰带上还缠绕着披帛，头上戴着宝珠，颈部围系豹皮领。宝缯飞扬的头饰与披帛显示出穿着者佛国天将的身份，豹皮领这一材质独特的服饰品也使得这身造型在诸多天王像中独树一帜。

绘图：黄煌

榆林窟中唐第15窟前室南壁南方天王服饰

图文：刘元风

南方天王头戴兜鍪，护耳如翅膀向上翻卷；身着长款铠甲，上为鳞片甲，下为锁子甲，肩覆披膊。前胸有一对圆形的护胸明光铠，腹部有圆形的兽面护腹镜，腰部有几何形纹饰的束腰带，自肩向下垂落的飘带随身飘舞。下身着髀裈，战裙飘曳，小腿缚吊腿，脚踏乌皮靴。整体戎装形制与实战的铠甲相一致。

绘图：李安

榆林窟中唐第15窟前室东壁南侧毗沙门天王服饰

图文：李迎军

这身毗沙门天王左手持戟，右手托祥云宝塔，背后有尖角状翼形圆光。整身造型比例匀称、线条流畅、刻画细腻，尤其对于服装结构的表现，详实精确地勾勒出于阗式样甲胄的典型特征——头梳高髻戴宝冠，双耳饰耳珰，上身着对襟鱼鳞甲，胸前与腹部饰三面人面形圆护镜，腰系革带，带上挂长剑，下身着长甲，脚上穿靴。

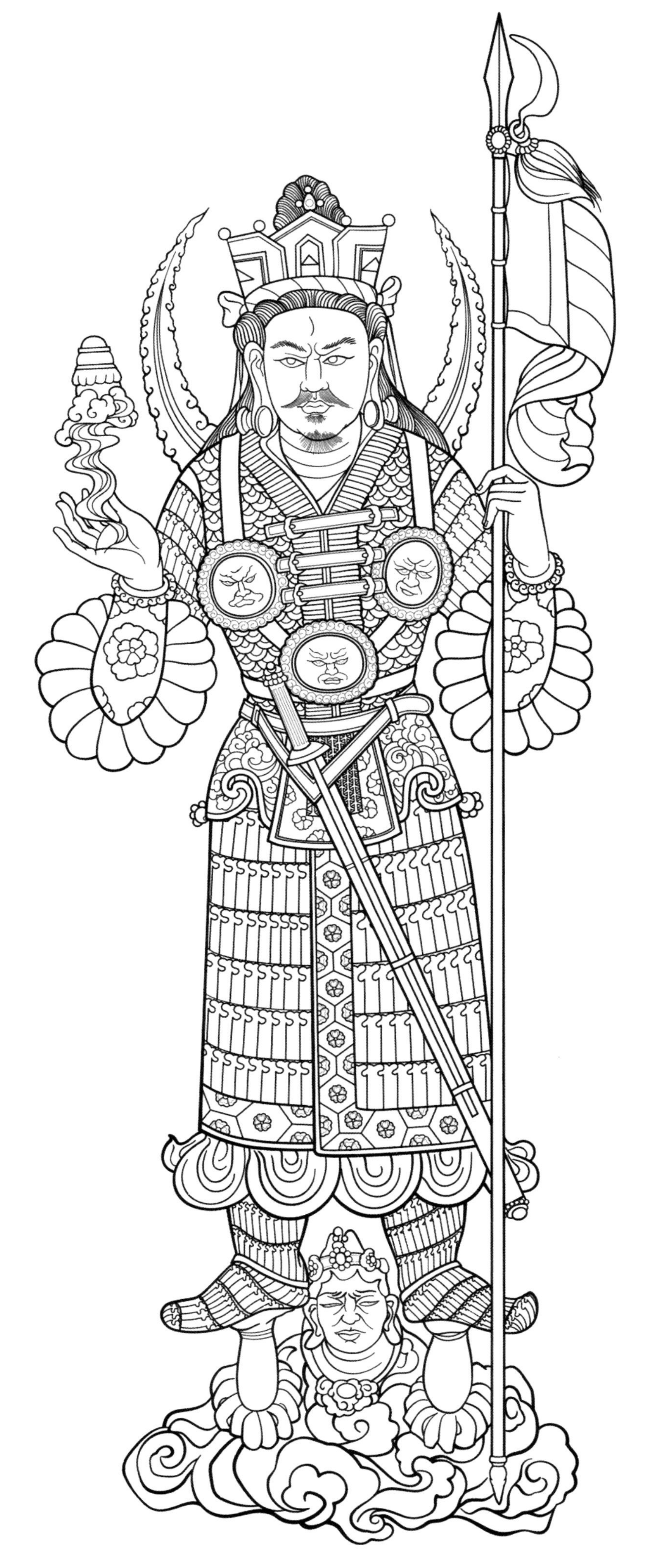

绘图：黄煌

图文：刘元风

天王头戴宝冠，有三颗绿宝石镶嵌其上，两侧的流苏和冠缯向上跃动。他身着明光铠甲，颈部有立起的护领，肩部有护膊，上肢有臂甲，肘部有叶状环形装饰，身甲的前部是金属护胸镜，腰部是鳞甲片和护腹镜，腰间系有几何形纹饰的腰带，下身着护臀甲，大腿裙，小腿缚吊腿，脚穿乌皮靴。

绘图：敬文萱

榆林窟中唐第25窟前室东壁北方天王服饰

图文：李迎军

这身赤发碧眼、高髻虬须的北方天王头戴宝冠，双耳戴耳珰，左手托塔，右手持戟，身着护项、披膊、护臂，前胸与后背的甲衣为独立的结构，在肩部以皮带连接。这种胸甲的造型近似于魏晋时期的裲裆甲，小腹部有圆形护镜，腰系革带，腰后挂环首长剑，下身着长甲裙，脚穿长靿战靴。

绘图：敬文萱

榆林窟中唐第25窟前室东壁南方天王服饰

图文：李迎军

这身南方天王是典型的中原将军形象，头戴兜鍪，穿护项、披膊、护臂、明光甲、胫甲、战裙，系束甲带与皮腰带，穿皮靴。天王穿着的甲衣以现实社会的甲胄为原型，但很多天王的造型又在现实甲胄的基础上，融入了头光、披帛等具有天人特征的新元素，从而强化了天王的非凡力量。

绘图：敬文堂

莫高窟晚唐第9窟主室西壁毗沙门天王服饰

图文：李迎军

毗沙门天王头戴宝冠，身穿对襟铠甲，肩头有摩尼宝珠及火焰状翼形圆光，胸腹部有三片通过“X”形璎珞缠绕连接的圆形护甲。甲衣腰部系革带，革带上悬挂弧形短刀。下身穿长度至小腿的长护甲，脚上穿靴。甲衣中的宝冠、圆形护甲、“X”形璎珞、长护甲、弧形短刀等元素都体现了于阗风格的盔甲特征。

绘图：敬文萱

莫高窟晚唐第12窟前室西壁南侧南方天王服饰

图文：李迎军

这身南方天王头戴兜鍪，身穿护项、披膊、护臂、胸甲、护腹、腿裙、胫甲、皮靴，披帛系结在腰带上飞扬至身后。兜鍪的顿项向上翻起形成上折效果，这种造型在中晚唐的敦煌开始频繁出现，是中原地区胄的代表。这身南方天王颜面白皙、面相和善，与北侧竖眉怒目、气势可畏的北方天王形成鲜明的对比。

绘图：敬文芷

图文：李迎军

绘于前室西壁北侧的北方天王赤发碧眼，左手托塔，右手持杵，头戴展翼冠，双耳饰耳珰，身穿护项、披膊、护臂、胸甲、束甲带、护腹、腿裙、胫甲、皮靴，披帛自身后绕至臂前轻盈飘扬。与这身天王骠健的体态、威猛的神态形成强烈反差的，是天王铠甲上绘满了精美的团花图案，胸甲的圆护上还绘有一对狻猊。

绘图：敬文茳

图文：刘元风

这身绢画上的天王头上佩戴火焰纹宝冠，身着轻型的铠甲，高高的皮质护脖领，蓝色的皮革上镶饰淡粉色鳞片的护膊，上身穿用皮带束紧的身甲。胸部有护胸甲，腹部有护腹甲，两袖有双层的绿、橙两色的伞状袖衫。内穿红色的长袍，小腿上有蓝色、橙色的吊腿，脚踝处有一圈叶片形的伞状装饰，脚踏乌皮靴。

绘图：杨姝

敦煌藏经洞出土唐代绢画毗沙门天王服饰

图文：李迎军

毗沙门天王呈威严怒目状，头戴宝冠，耳饰耳珰，身穿护项、披膊、护臂、胸甲、束甲带、护腹、腿裙、胫甲、皮靴。作为画面主尊神的毗沙门天王肩头有火焰形头光，左手托祥云宝塔，右手持戟，披帛缠绕在甲衣的皮带上自肩头飘向身后，超越世俗的佛国天将形象在宝物的烘托下更加栩栩如生。

绘图：杨妹

敦煌藏经洞出土唐代绢画广目天王服饰

图文：李迎军

广目天王脚踏“赤发恶鬼”侧身怒目而立，身着的甲胄与敦煌中晚唐时期常见的中原风格、于阗风格、敦煌新式样的甲胄都不同，呈现出独特的波斯萨珊风格。天王头戴神翼金冠，身穿萨珊风格胸甲，胸甲周围饰有联珠纹，肩头的摩尼宝珠与周身环绕的披帛是天王的神力与天人身份的象征。

绘图：杨姝

天女

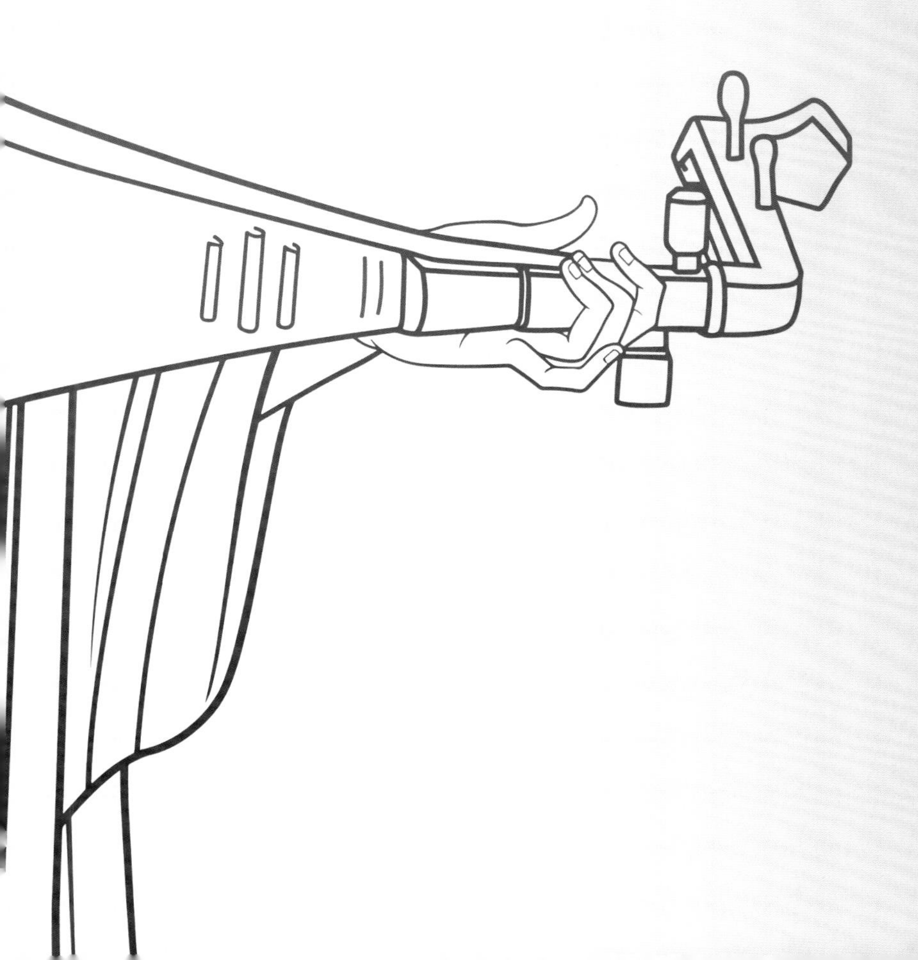

莫高窟初唐第321窟主室南壁天女服饰

图文：刘元风

天女头束宝珠发冠，身穿石绿色半袖长衫，内套大袖襦，下着长裙，束腰带，穿花头履。领部为云肩式翻折领，缀有瓔珞，半袖处有荷叶边装饰，长襦下杂裾垂髾，华袿飞扬，加上甩动的头冠束带和瓔珞珠串，无不表现出一种凌空平步、凭天翱翔的审美感受。

绘图：温馨

莫高窟初唐第334窟主室西壁龛内天女服饰

图文：刘元风

这身维摩诘经变“观众生品”中的天女头戴高耸的双凤冠，鬓边插如意云头钗，鬓发卷曲；身着红色的半袖衫，领部为石绿色的曲折翻领结构，袖部有蓬松的石青色荷叶边装饰。天女内穿深青色大袖襦，袖缘为石青色；以腰带束围腰和蔽膝，长裙曳地，裙边装饰有荷叶边，裙侧华袿飞扬。

绘图：韩铭铎

莫高窟盛唐第31窟主室北披天女服饰

图文：张春佳

这身供养天女形象不似同壁其他供养菩萨那样衣着保留有明确的印度风貌——上身裸露，只带披帛，而是着交领襦，大袖，系腰带，下身长裙曳地，饰有唐代流行的小簇花，或为印花。这是典型的汉代以来的中国传统服饰，这样的服饰出现在壁画中，说明穿着者的身份等级相对较低。

绘图：韩铭铎

莫高窟盛唐第103窟主室东壁天女服饰

图：吴波；文：董昳云、吴波

此身天女头梳惊鹄髻，用花束发髻，穿着襦裙式袿衣，内着曲领中单小袖衫，外披右衽褐色大袖襦衫加半袖，领口处有曲折状缘饰；腰间系“襳”，下着石绿色蔽膝和土黄色曳地长裙，下部有多片华“髾”飞舞，蔽膝向上翻滚；足蹬云头履。此身天宝年间的天女袿衣较初唐时期有所变化，蔽膝改为正面长而突出的围裹式，整体突出了天女灵动飘逸的神仙气质。

绘图：韩铭铎

莫高窟晚唐第144窟主室东壁门南侧天女服饰

图：吴波；文：吴波、赵茜

此供养天女梳双丫髻，上着宽袖朱丹色绿缘襦衣，下着白色绿缘曳地长裙，上覆短裙。因褒博礼服肥大，不便再套上一件半臂，这个时期就出现把半臂袖口上的褶状边缘单独缝在礼服袖子中部的款式，褶状边缘被艺术化地处理成羽毛状或叶片状，与短裙下摆的褶状边缘相互呼应。天女脚穿歧头履。

绘图：韩铭铎

敦煌藏经洞出土唐代绢画西方太白星服饰

图文：刘元风

“五星”之一的西方太白星相为端庄秀美的女性，头上佩戴鸡冠，冠体分上、下两部分。冠体下部的正面与两侧是三朵橘黄色的含苞待放的莲花；上部是神气活现、展翅欲飞的金鸡，头后系结白色的飘带。西方太白星内穿白色的落地长裙，胯部缀有垂叶状的环形装饰，外着白色大袖敞衣，脚穿云头跷履。

绘图：韩铭铎

图文：刘元风

“五星”之一的北辰星相是位仪态万方的妇人，头梳高高的双环髻，佩戴的头冠底部有张开的金黄色框架结构的花冠，以支撑上面悠然自得的猿猴。妇人内穿土黄色长裙，外着黑色盘领阔袖敞衣，腰间垂黄色的绶带，上面缀满各种彩条、花结、珠串等华美的装饰物。

绘图：韩铭铎

敦煌藏经洞出土唐代绢画吉祥天女服饰

图文：张春佳

图中形象为藏经洞出土绢画《行道天王图》局部绘制的吉祥天女，为主尊毗沙门天王的妹妹。吉祥天女头戴花冠，双鬟高髻，内着曲领中单，外披绿色云肩，宽博长袍。天女袖部宽大，肘部收束并饰有襞褶，腰部丝绦系扎龟背纹半裙，并掩垂至脚，裙边缘饰有细密的褶皱装饰，但与肘部不同。吉祥天女下半身的长裙拖曳及地，盖覆双足。

绘图：韩铭铎

其他

莫高窟初唐第220窟主室南壁童子服饰

图文：李迎军

在莫高窟第220窟主室南壁阿弥陀经变壁画上，叠罗汉童子的形象憨态可掬、天真无邪，为壁画描绘的佛国世界盛大恢宏的景象平添了几分人间的乐趣。位于画面左下方的童子穿着一条褐色背带连体长裤，上方的童子穿红色交领半臂，配绿色短裤。画面右下方的童子穿着背带上衣，配深褐色短裤，上方的童子穿红绿拼色交领半臂，配褐色条纹长裤。这几身童子服饰是当时世俗生活的折射，也清晰反映了隋唐童装的造型特征。

绘图：韩铭铎、杨姝

莫高窟初唐第329窟主室西壁龛外童子服饰

图文：吴波

第329窟主室西壁龛外南侧上方的化生童子穿着红色镶石绿色边涎衣。下方的化生童子穿着红色镶边裲裆，脚蹬软靴，左手托着莲花，右手拇指插在靴筒里。西壁龛壁北侧上方的化生童子穿着红色镶绿边裲裆。下方的化生童子梳垂髫，身着红色涎衣，脚蹬橘色软靴，里子皆为石绿色。

绘图：李文

图：吴波，文：赵茜、吴波

图中男童供养像侍奉于观世音菩萨像左侧。男童梳两丸髻，简称“丸髻”；上着浅色“短襕”，其形制较襕衫为短，以白苎为之，相传为唐人所创；腰间系带；下着小口袴褶，裤腿样式较之大口袴褶更为狭窄，南北朝开始流行；下口袴褶之上还穿有围裳，其上有团花纹样作装饰。

绘图：韩铭铎

莫高窟盛唐第31窟主室北披力士服饰

图文：李迎军

力士是在佛教的神佛主从序列中次于天王的护法神，也称药叉、夜叉、金刚夜叉、金刚力士等。这身力士头梳双髻，戴宝冠，赤裸上身，腰间缠裹锦裙，身上戴项圈、臂钏、手镯、璎珞等饰物，迎风飞扬的冠缯、披帛、腰带与怒目而视的神态、侧身挺立的姿势相得益彰，整体造型威猛雄健、极具张力。

绘图：杨姝

莫高窟盛唐第31窟主室南披力士服饰

图文：李迎军

力士怒目圆睁，肌肉暴起，愤然欲吼，气势可畏。他头梳双髻，戴宝冠，赤裸上身，腰间缠裹有边饰的锦裙，系飘逸的长腰带，身上戴项圈、臂钏、手镯，垂挂璎珞。其身前、身后多层缠绕、垂曳的宽大披帛是造型的亮点，流动的曲线既中和了刚健的躯体造型，又增强了整体形态的动感。

绘图：杨姝

莫高窟盛唐第121窟主室北壁力士服饰

图文：李迎军

力士头梳双髻，宝冠束发，冠缯飞扬，上身赤裸，腰缠锦裙，系长腰带，身上戴项圈、璎珞、手镯、脚钏，赤脚。与舞动的四肢相呼应的，是垂于腹、膝并绕臂飞扬的宽大披帛。强悍、壮硕的力士形象因为融入了柔美的弧线形披帛而呈现出刚柔相济的独特韵味。

绘图：杨妹

莫高窟晚唐第9窟主室中心柱力士服饰

图文：李迎军

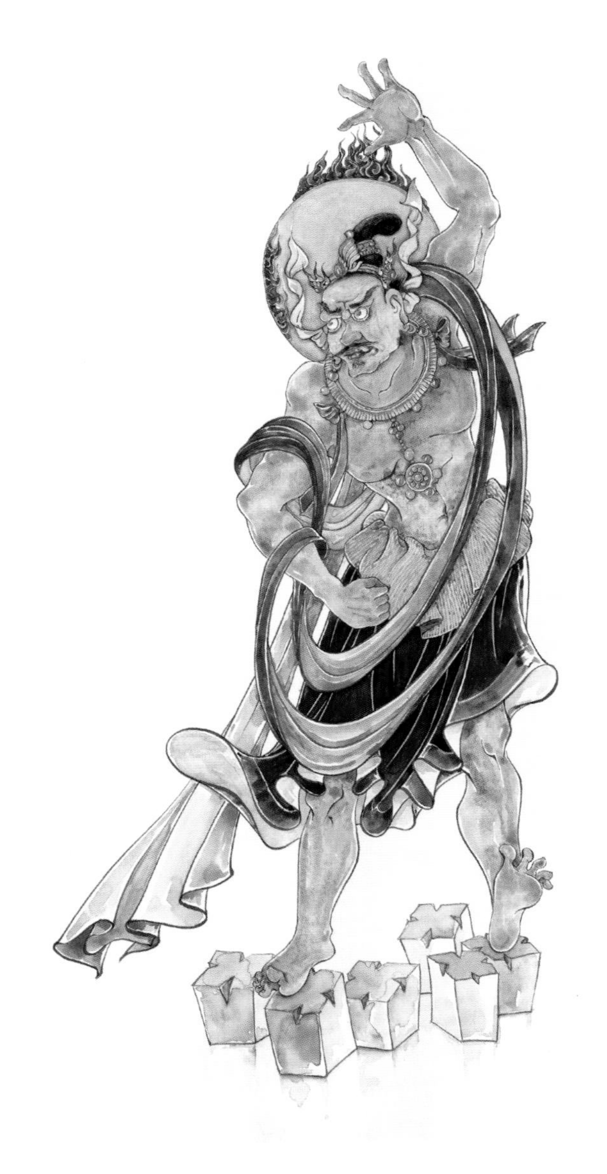

在莫高窟第9窟主室中心柱上，两身力士形象分别绘于洞窟主室中心柱东向面的龛外两侧，两力士造型相互呼应——北侧力士手持金刚杵，南侧力士右手握拳，未持法器。此身是绘于南侧、未持法器的力士，他头上梳髻戴冠，赤裸上身，戴耳环、项圈、臂钏、璎珞，腰间缠裹短裙，周身有多圈披帛环绕。

绘图：杨妹

图文：李迎军

菩萨低眉、金刚怒目，慈悲与威猛都是为了“度化众生”。这身面目狰狞的力士须发飞扬，头梳双髻，宝冠束发，上身赤裸，肌肉暴起，臂上披帛飘舞，腰裹短裙，系长腰带，身上戴项圈、璎珞、手钏、脚钏。力士头上有火焰圆光，脚下踏莲花台，左手紧攥金刚杵，右拳扬起做震慑状，身材雄健，气势可畏。

绘图：杨姝

莫高窟盛唐第31窟主室东壁北侧帝释天服饰

图文：李迎军

这身帝释天着曲领中单、上衣下裳、大带蔽膝，整体人物造型已经具有《历代帝王图》中帝王的特征。同时，这身帝释天的着装也融合了佛教天人元素——梳髻戴冠、璎珞遍身、披帛飞扬。从目前壁画上仅存的五官线条判断，这身帝释天像是一位面容丰盈的女帝形象。

绘图：杨思容

莫高窟盛唐第172窟主室东壁北侧帝释天服饰

图文：李迎军

赴会图中的这身帝释天头戴通天冠，冠带长垂，身穿朱色大袖袍，内着白色曲领中单，下着裳，穿蔽膝，腰间系大带，脚上着舄，手持歧头麈尾扇，披帛搭于双臂。帝释天手中的麈尾扇是始于东汉、兴于魏晋的独特服饰品，自中唐开始就很少在现实生活中被使用了，但还经常出现在古代帝王、逸士的画像中。

绘图：杨思容

莫高窟中唐第159窟主室西壁龛外北侧帝释天及侍女服饰

图文：李迎军

犍陀罗艺术中的帝释天穿菩萨装或世俗装。莫高窟盛唐时的帝释天形象近似于帝王。中晚唐时帝释天的造型逐渐融合了俗世帝王与仙人服装元素，开始脱离现实服装的影响而整合成一套特有的“帝释天服饰”——梳髻戴冠，穿白色曲领中单与大袖襦，外罩半臂，下着裳，腰间系大带，脚上着舄，手持麈尾扇。

绘图：杨思容

莫高窟中唐第468窟主室西壁龛外北侧帝释天及侍女服饰

图文：刘元风

这身帝释天头梳高髻，佩戴云纹和火纹的宝冠，左手持麈尾，内穿绿色中单，外着暖灰色袍服。宽松的两袖随风垂落，袖肘处有环状花瓣形装饰，下穿红绿间隔的高腰覆脚长裙，胸部装饰有几何形图案的刺绣胸带，腰部垂下的白色绶带与全身璎珞一起飘落身前。

绘图：杨思蓉

莫高窟初唐第335窟西壁龛内外道女服饰

图文：李迎军

外道女是“劳度叉斗圣变”中的人物形象，盘坐于劳度叉帷帐下方地上的外道女乳圆体丰，继承了印度造像艺术中对女性体征的描绘传统。她所穿圆领紧身短襦与下装上的五瓣小花纹样轻巧细致，披巾被大风从肩头吹落飞扬在身后，风动的姿态极富张力。

绘图：

莫高窟晚唐第196窟主室西壁外道女服饰

图文：李迎军

这铺“劳度叉斗圣变”共有一组四身外道女。画面中突然狂风大作，外道女裙带飞卷，惊恐万状。这身外道女位于四人的中间位置，她头梳高髻，着长袖紧身上襦，长带系在手臂上，被大风吹得飞扬在身后，下身穿围腰、腰裙、长裙，裙摆随风飘摇，风动的姿态极富表现力。

绘图：杨思蓉

莫高窟晚唐第196窟主室西壁劳度叉服饰

图文：李迎军

“劳度叉斗圣变”主要表现外道劳度叉与释迦弟子舍利弗斗法，最终被降服、皈依佛门的故事。在这场佛教与外道的斗圣中，舍利弗一方的服饰是佛衣袈裟，以劳度叉为代表的外道则穿着缠裹式服饰。劳度叉上身斜披络腋，下身裹彩缘红裙，须发与披帛被吹得顺风飞卷。

绘图：杨思蓉

图文：李迎军

在“劳度叉斗圣变”中，这身怀抱大风囊正在施法的风神位于舍利弗的座下，头束高髻，戴头冠，冠缯与衣带随风飞扬，身穿彩色衣裤。他的衣裤结构有盔甲中护项、披膊、胫甲的特征，但画面中已经忽略了甲衣的材质刻画，而是赋予服装五彩的图案，装饰功能明显强于实用功能。

绘图：杨思容

莫高窟盛唐第445窟主室北壁兵宝服饰

图文：李迎军

北壁的巨型弥勒经变画的下方绘有佛前儴佉王奉献七宝的故事。七宝包括：轮宝、象宝、马宝、珠宝、女宝、藏宝、兵宝。壁画中绘于象宝身侧的兵宝头戴兜鍪，身着裲裆甲。头戴的兜鍪由头盔、顿项两部分组成，这种顿项上折的兜鍪造型在中晚唐时期频繁出现，在盛唐的盔甲造型中则较少见。

绘图：杨思容

莫高窟盛唐第445窟主室北壁女宝服饰

图文：李迎军

在佛前儴佉王奉献七宝图中，女宝绘于说法弥勒及供宝香案下方。她双手虔诚地托着莲花台、宝珠，肩若削成、腰如约素，身着广袖襦、长裙、围裳。装饰在围裳边缘的长飘带称为“襳”，衣裙上的燕尾状装饰称“髾”，长长的襳、髾随着走动飘扬飞舞，正是典型的魏晋时期女装“蜚襳垂髾”的形象。

绘图：杨思容